Barbara Hedeler

Plattentektonik und Kontinentaldrift. Grundlagen und Theorie nach Alfred Wegener

GRIN Verlag

Bibliografische Information der Deutschen Nationalbibliothek:

Die Deutsche Bibliothek verzeichnet diese Publikation in der Deutschen National-
bibliografie; detaillierte bibliografische Daten sind im Internet über http://dnb.d-
nb.de/ abrufbar.

Impressum:

Copyright © 2010 GRIN Verlag, Open Publishing GmbH
Druck und Bindung: Books on Demand GmbH, Norderstedt Germany
ISBN: 978-3-668-00778-9

Dieses Buch bei GRIN:

http://www.grin.com/de/e-book/302617/plattentektonik-und-kontinentaldrift-
grundlagen-und-theorie-nach-alfred

GRIN - Your knowledge has value

Der GRIN Verlag publiziert seit 1998 wissenschaftliche Arbeiten von Studenten, Hochschullehrern und anderen Akademikern als eBook und gedrucktes Buch. Die Verlagswebsite www.grin.com ist die ideale Plattform zur Veröffentlichung von Hausarbeiten, Abschlussarbeiten, wissenschaftlichen Aufsätzen, Dissertationen und Fachbüchern.

Besuchen Sie uns im Internet:

http://www.grin.com/

http://www.facebook.com/grincom

http://www.twitter.com/grin_com

Universität Augsburg

Fakultät für Angewandte Informatik

Institut für Geographie

Plattentektonik und Kontinentaldrift

Proseminar Physische Geographie I (WS 10 / 11)

Hedeler, Barbara

Geographie B.Sc.

Abgabetermin: 23.12.2010

Inhaltsverzeichnis

Abbildungsverzeichnis

1. Plattentektonik und Kontinentaldrift – eine Hinführung zum Thema

1.1 Bedeutung der Plattentektonik

Erdbeben oder Vulkanausbrüche – natürliche Prozesse, die jedoch große Auswirkungen für menschliches Leben haben können. Als aktuelle Beispiele seien hier die Eruption des isländischen Vulkans Eyjafjallajökull im Frühjahr 2010, der den weltweiten Flugverkehr für einige Tage außer Betrieb setzte, und ein Erdbeben im Iran im Dezember 2010 mit mehreren Verletzten und Toten genannt. Die Ursachen für diese Naturerscheinungen sind in der Plattentektonik und den Prozessen, die im Erdinneren ablaufen, zu suchen. Seit Jahrhunderten beschäftigen sich Forscher nun mit dieser Thematik. Alfred Wegener veröffentlichte 1915 eine Theorie über die Kontinentaldrift, die die Grundlage der heutigen Plattentektonik darstellt, sich aber erst seit den 1960er Jahren durchsetzen konnte. Aufgrund hoch präziser Messinstrumente und technischer Geräte können sehr genaue Aussagen über vergangene und zukünftige Plattenbewegungen und über das Auftreten von Erdbeben und Vulkaneruptionen getroffen werden. Hierfür war das ineinandergreifende Forschen mehrerer Geowissenschaften nötig. Nur durch die Zusammenarbeit von Geophysik, Geologie und weiteren Teilgebieten konnte der jetzige Wissensstand erreicht werden.

1.2 Ausarbeitung der Fragestellung

Plattentektonik und Kontinentaldrift stellen das Thema dieser Arbeit dar. Um einen möglichst umfassenden Einblick in die Thematik zu gewähren, wird zunächst Alfred Wegener und sein historischer Hintergrund untersucht. Dies schließt vorherige Forschungen und Theorien ein, um die Bedeutung der neu postulierten Theorie Alfred Wegeners besser einschätzen zu können. Zudem wird der grundlegende Aufbau der Erde beschrieben, um so Fachbegriffe aus den Geowissenschaften einführen zu können. Dann wird der Aufbau der Theorie der Kontinentaldrift näher beleuchtet, mögliche Kritikpunkte überprüft und die weitergehende Entwicklung der Plattentektonik beschrieben. Wichtige Erkenntnisse der Plattentektonik sollen an dieser Stelle herausgearbeitet werden.

2. Alfred Wegener und seine Theorie

2.1 Alfred Wegener vor historischem Hintergrund

Alfred Wegener wurde als Sohn eines evangelischen Pfarrers 1880 in Berlin geboren. Seinen wissenschaftlichen Werdegang begann er mit einem Studium der planetarischen Astronomie, das er im Alter von 25 Jahren mit dem Doktortitel abschloss. Anschließend folgte ein Studium der Meteorologie. In diesen beiden Studienrichtungen habilitierte er an der Universität Marburg.

Spätestens 1910 fiel ihm bei Betrachten der Weltkarte eine Kongruenz der Kontinente, die am Atlantik anliegen, auf. So entstand der Gedanke, dass diese früher einst zusammenhängend waren.

Er war jedoch nicht der Erste, dem dies aufgefallen war. Der englische Staatsmann und Philsoph Francis Bacon erwähnte erstmals 1620 die Ähnlichkeit der Formen Südamerikas und Afrikas (Reinke-Kunze 1994).

Neben wenigen früheren Forschern beschäftigten sich 1910 drei amerikanische Wissenschaftler mit der Form der den Antlantik anrainenden Kontinenten. In deren Arbeiten spielte der Mond eine wichtige Rolle. Ihre Existenz war Wegener zunächst nicht bekannt. Eine weitere Theorie veröffentlichte Frank Bursley Taylor 1910. Er formulierte ähnlich wie Wegener die Hypothese, dass die Kontinente Afrika und Südamerika einst zusammenhängend waren und schließlich an der Mittelatlantischen Schwelle auseinanderbrachen. Taylor beschäftigt sich jedoch hauptsächlich mit anderen Teilgebieten. Wegeners Hypothese war die erste, die sich global und umfassend mit der Verschiebung der Kontinente beschäftigte (Schwarzbach 1980).

Zur Zeit Wegeners ging die Geologie von mehreren Ansätzen aus, jedoch nicht von der Kontinentalverschiebung. Vertreter des Fixismus vertraten die Auffassung, dass sich die Lage der Kontinente nicht verschoben habe, dass es vielmehr Landbrücken zwischen einigen Kontinenten gegeben habe, die im Meer versunken seien. (Abb 1). Hiermit wurden

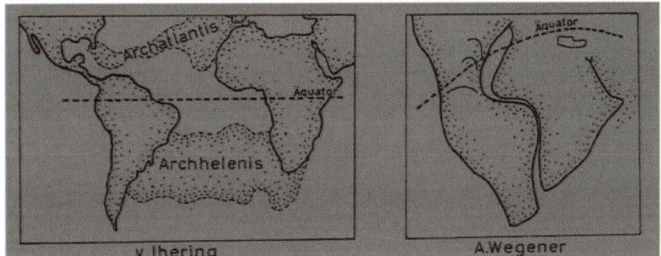

Abbildung 1: Erklärungsmodelle früherer Kontinentallagen: v. Ihering mit der Theorie der Landbrücken als Vertreter des Fixismus und Wegener mit seiner Theorie zur Kontinentaldrift (Schwarzbach 1980, S. 73)

ähnliche Fossilienfunde auf verschiedenen Kontinenten erklärt. Ein anderes mögliches Erklärungsmodell war die Permanenztheorie. Hier wurde angenommen, dass die Lage der Kontinente sich im Laufe der Erdgeschichte nicht verändert habe, diese jedoch teilweise von Wasser bedeckt gewesen seien.

2.2 Der Schalenbau der Erde

Für das bessere Verständnis der Theorien über Plattentektonik und Kontinentaldrift soll hier zunächst der Aufbau der Erde erläutert werden, um einige Fachbegriffe einführen zu können.

Durch geophysikalische Untersuchungen haben Wissenschaftler herausgefunden, dass die Erde einen schalenartigen Aufbau hat. Dazu wurden die Ausbreitungsgeschwindigkeiten und das Verhalten von seismischen Wellen näher untersucht (Baumhauer 2006).

Beim Aufbau der Erde werden drei Schalen unterschieden, die Erdkruste, der Erdmantel und der Erdkern. Weiterhin kann eine genauere Gliederung in Obere und Untere Erdkruste, Oberer Mantel, Übergangszone, Unterer Mantel, Äußerer und Innerer Kern vorgenommen werden. (Abb. 2)

Die Kruste stellt die äußerste Schale der Erde dar. Hier kann zudem zwischen kontinentaler und ozeanischer Kruste unterschieden werden.

Die oberen 100 bis 200 Kilometer der Erdkugel werden auch als Lithosphäre bezeichnet. Diese umfasst die Erdkruste und die obersten Teile des Erdmantels. In der Plattentektonik

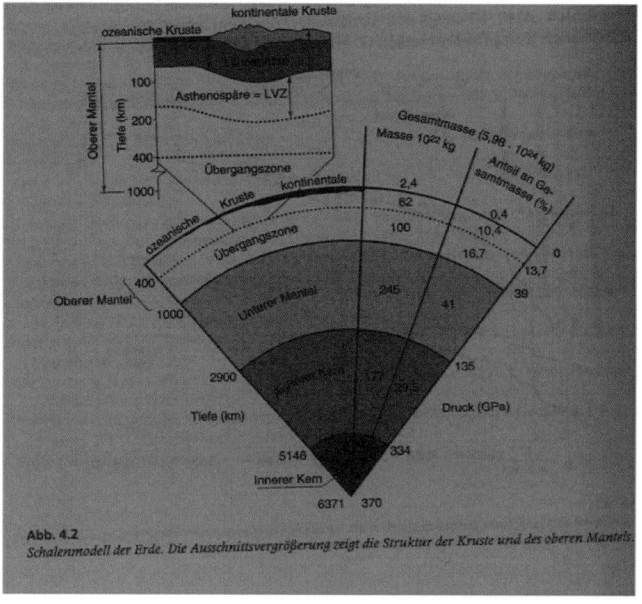

Abbildung 2: Aufbau der Erde (Jacobshagen et al. 2000, S. 146)

wird angenommen, dass die Lithosphäre aus tektonischen Platten unterschiedlicher Größe besteht. Darunter liegt die Asthenosphäre, deren Mächtigkeit unterschiedlich stark ausgeprägt ist, wahrscheinlich bis zu Erdtiefen von 500 Kilometer. Die Asthenosphäre ist „eine fließfähige Zone mit geringer Materialfestigkeit." (Richter 1997, S.24)

2.3 Die Theorie der Kontinentalverschiebung (Wegener)

Alfred Wegener widersprach den seinerzeit gängigen Theorien des Fixismus und der Permanenz und stellte eine eigene Theorie auf.

Zunächst wird der Aufbau der Theorie erklärt und anschließend dann die Belege Alfred Wegeners für seine Hypothese dargestellt.

Wegener nahm an, dass die Kontinente aus etwas leichterem Gesteinsmaterial bestehen, die Ozeane aus etwas schwererem. Diese Kontinente bezeichnete Wegener wie schon andere Wissenschaftler vor ihm mit Sial, die Ozeane mit Siam. Diese Begriffe weisen auf die chemische Zusammensetzung des Gesteins hin, an Land hauptsächlich Silizium und Aluminium, in den Ozeanen vorwiegend Silizium und Magnesium. Die Kontinente schwimmen nun als einzelne Schollen aufgrund der etwas geringeren Dichte ihres Gesteins in den Ozeanen (Schwarzbach 1980).

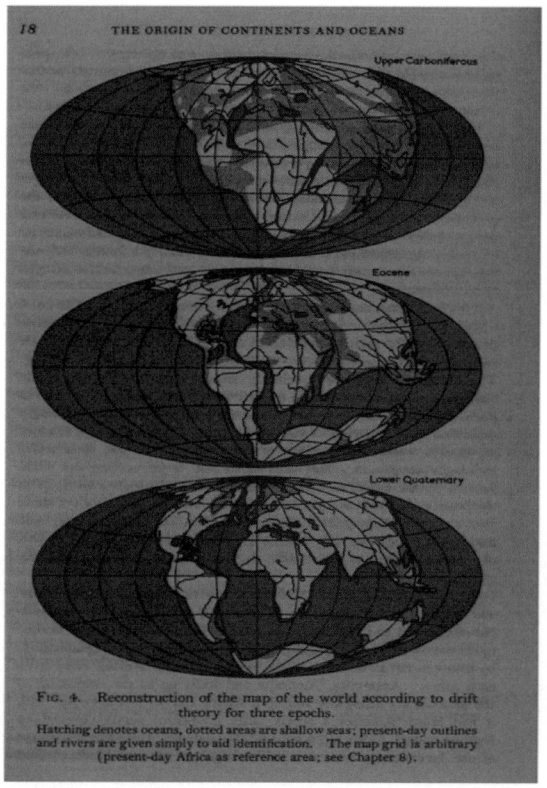

Abbildung 3: Rekonstruktion urzeitlicher Kontinentallagen
(Wegener 1966, S.18)

Ausgehend vom Atlantik und den angrenzenden Kontinenten Südamerika und Afrika baute Wegener seine Theorie auf. Er postulierte die Existenz eines Urkontinents Pangäa vor 200 Millionen Jahren. (Abb.3) Hier waren alle Kontinente vereinigt. In mehreren Schritten zerbrach dieser zunächst in zwei Teile. Der südliche Teil wird mit Gondwana bezeichnet und der nördliche mit Laurasia. Gondwana umfasste die südlichen Kontinente Südamerika, Afrika, Antarktis, Australien und Indien. Lauraisa umschreibt Nordameika, Europa und Asien. Diese zerfielen dann weiter, sodass die heutige Verteilung der Kontinente entstand. Dabei entstanden neue Ozeane, wie zum Beispiel der Atlantik. Bei Indien ging er von ursprünglichen Landausdehnungen aus, die teilweise mit Wasser bedeckt waren. Nach der Trennung Indiens von Australien im Jura und Madagaskars vom Übergang des Tertiärs zur Kreidezeit wurde die Anschlussstelle Indiens zu Asien stark gefaltet und es kam so zur Entstehung des Himalayagebirges. Zudem verschob er den Südpol nach Südafrika. Gebirgsbildungen erklärte er sich grundsätzlich, entsprechend dem Bugwelleneffekt bei der Schifffahrt beispielsweise, als Komprimierung der vorderen, aktiven Kontinentalränder. Daraus resultiert schließlich die Orogenese (Wegener 1966).

Belege für seine Theorie suchte Wegener in einigen Gebieten der Wissenschaft.

Zum einen führte er Argumente aus der Geologie an. Er verglich geologische Besonderheiten zu beiden Seiten eines neu entstandenen Ozeans. Als Beispiele brachte er unter andere ähnliche Gesteinsformen, die in Indien, Madagaskar und Ostafrika aufzufinden sind. Auch ein ostwestlich verlaufender südafrikanischer Gebirgszug, der einem Gebirge in Argentinien ähnelt, diente Wegener als Beleg für seine Verschiebungshypothese (Reinke-Kunze 1994).

Mit Hilfe von paläontologischen Funden aus Flora und Fauna brachte er weitere Argumente für die seine Theorie. So wurden beispielsweise Fossilien von Farnen der Gattung *Glossopteris* in Afrika und Brasilien gefunden. Weitere Fossilienfunde wie die der Schnecke *Helix pomata* in Ostamerika und Europa dienten der weiteren Untermauerung seiner Theorie.

Weiteres Beweismaterial brachte Wegener aus dem Bereich der Paläoklimatologie an. Zusammen mit Alfred Köppen untersuchte er urzeitliche Klimaveränderungen und lieferte als bestes Indiz hierfür die Kohlelagerstätten in der Antarktis. Für die Bildung von Kohle werden Pflanzen über Jahrhunderte durch mehrere chemische und physikalische Prozesse zersetzt. Voraussetzung hierfür ist ein warmes Klima. Da die heutigen klimatischenn Verhältnisse der Antarktis diesem nicht entsprechen, diente dieser Fund als weiteres Indiz für Wegeners Kontinentaldrift (Reinke-Kunze 1994).

Aus der Geodäsie brachte Wegener Messungen über die Driftgeschwindigkeit Grönlands an. Diese Messungen ergaben Geschwindigkeiten von 9 bis 32 cm pro Jahr an. Wegener belegte diese Werte später durch eigene empirische Forschung (Reinke-Kunze 1994).

Als Kräfte, die die Kontinentalbewegungen verursachen, nannte Wegener zum einen die Polfluchtkraft und zum anderen die Gezeitenreibung im festen Erdkörper. Die Polfluchtkraft ließe Kontinente auf der Erdkugel Richtung Äquator driften. Westwärts gerichtete

Kontinentalbewegungen ließen sich durch die Gezeitenreibung erklären. Allerdings war sich Wegener selbst der Unzulänglichkeiten dieser Erklärungsmodelle bewusst.

1929 wies Wegener zum ersten Mal auf Konvektionsströmungen im Erdinneren hin, wobei er sich hier auf Schwinner und Kirsch bezieht. Diese Antriebskraft wird heutzutage für wahrscheinlich erachtet.

3. Kritik

Bei genauerer Analyse sind einige Kritikpunkte an Wegeners Theorie anzubringen.

Hauptsächlich fehlt eine fundierte Erklärung über den Antriebsmechansimus der Kontinentalverschiebung. Wegener hatte dies bereits selbst erkannt. Die Kräfte, die er aufgeführt hat, sind zu schwach, um eine Verschiebung verursachen zu können. Alle Kritiker seiner Zeit bezogen sich in ihrer Beurteilung der Theorie immer auf dieses Kriterium als Hauptindiz für deren Widerlegung.

Einige Thesen, die Wegener aufgestellt hat, konnten durch moderne Messmethoden und technische Hilfsmittel modifiziert oder widerlegt werden.

Die Daten über die Geschwindigkeiten der driftenden Kontinente, die Wegener aus der Geodäsie übernommen hat und später selbst empirisch bestätigt hat, sind zu groß. Während Wegener noch von Driftgeschwindigkeiten in der Größenordnung von 9 bis 23 cm pro Jahr ausging, konnte inzwischen durch moderne Messmethoden ermittelt werden, dass die Geschwindigkeiten deutlich geringer sind. So geht man heute von 1,1 cm pro Jahr aus. In diesem Punkt ging Wegener also von falschen Daten aus (Schwarzbach 1980).

Seine Theorie über die Orogenese konnte durch neuere Erkenntnisse widerlegt werden.

Zudem gibt es einige Modifikationen, die im Einzelnen in Punkt 5.2 näher erläutert werden.

Alfred Wegener veröffentlichte die Kontinentaldrifthypothese unter dem Titel „Die Entstehung der Ozeane und Kontinente" erstmalig im Jahr 1915. Zu diesem Zeitpunkt war jedoch der 1. Weltkrieg, wodurch die Theorie zunächst wenig Aufmerksamkeit fand. In Deutschland selbst wurde die Theorie meistens ablehnend bewertet. Am häufigsten wurden Einwände aus der Geophysik angebracht. Die Frage nach der Antriebskraft und den im Erdinneren ablaufenden physikalischen Prozessen stellte den Hauptkritikpunkt der Arbeit dar (Hug-Fleck 1988).

1921 stellte Wegener seine Theorie erneut auf einer Tagung vor. Doch auch hier war die Kritik meist vernichtend, manche Wissenschaftler vermuteten jedoch, dass zumindest einzelne Teilaspekte richtig sein könnten. 1922 wurde seine Theorie in weitere Sprachen übersetzt, konnte sich jedoch weder in Großbritannien noch in den USA durchsetzen.

Mit ein Grund für die Ablehnung der Theorie war seine fehlende Qualifikation im geowissenschaftlichen Bereich. Als Meteorologe und Astronom beschäftigte er sich mit der plattentektonischen Prozessen und war somit nicht in damalige wissenschaftliche Erkenntnisse eingearbeitet. Zugleich war das auch sein Vorteil. So konnte er sich unvoreingenommen der Thematik nähern.

4 Plattentektonik Heute

4.1 Weiterentwicklung von Wegeners Theorie

Die gegenwärtige Auffassung der Plattentektonik konnte sich erst in den 1960er Jahren in den Geowissenschaften durchsetzen. Wegeners Theorie wurde durch die Entdeckung des Sea Floor Spreading (s. 4.2) zu einer der Grundlagen, die jedoch in vielen Punkten modifiziert und weiterentwickelt wurde (Baumhauer 2006). Deswegen wird heute nicht mehr von der Kontinentaldrift gesprochen, sondern von der Plattentektonik.

Die Annahme Wegeners, dass die Kontinente auf der Sima- Schicht schwimmen, wurde überarbeitet. Heute geht man von sechs großen und einigen kleineren Lithosphärenplatten aus, die auf der darunter liegenden Asthenosphäre driften. Die Geschwindigkeiten der Verschiebungen sind unterschiedlich groß, gewöhnlich zwischen 0,1 bis 10 cm / Jahr. Bewegen sich zwei Platten auseinander, so entsteht dort ein Mittelozeanischer Rücken, wie Wegener bereits vermutet hatte. Heutige Annahmen lassen diesen Mittelozeanischen Rücken jedoch eine viel größere Bedeutung zukommen. (Abb.4) Dort bildet sich neue Lithosphärenschicht, die an anderer Stelle wieder vernichtet wird, sodass es insgesamt zu keiner Ausdehnung der Erdoberfläche kommt.

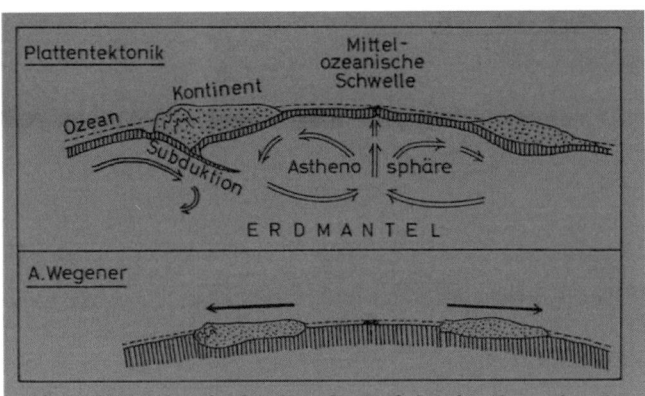

Abbildung 4: Vergleich des Aufbaus der Erdkugel von Wegener und nach heutigem Kenntnisstand (Schwarzbach 1980, S. 110)

Rekonstruktionen früherer Plattenbewegungen konnten durch paläomagnetische Messungen präzisiert werden. Das Magnetfeld der Erde ändert sich in bestimmten Zeiträumen immer wieder. Dies kann in den remanenten Magnetfeldern der Gesteine abgelesen werden, die sich dort bei der Gesteinsformation entsprechend der damaligen

10

Magnetfeldrichtung gebildet haben. Daraus lassen sich Rückschlüsse auf die Zeit der Genese ziehen (Karey et al. 2009).

Der Antriebsmechanismus der Plattenbewegungen konnte inzwischen etwas genauer untersucht werden, jedoch bestehen in diesem Zusammenhang immer noch große Unklarheiten. Am wahrscheinlichsten wird die Theorie der Konvektionsströme gehalten, die Wegener bereits 1929 einmal erwähnt hatte (Schwarzbach 1980).

4.2 Theoretische Grundlagen

Die Plattentektonik nimmt sechs große und weitere kleine Lithosphärenplatten an, die sich mit unterschiedlichen Geschwindigkeiten bewegen.

Die Bewegungen der Platten können typisiert werden.

Driften die Platten voneinander weg, so spricht man von divergenten Bewegungen. Diese sind am Meeresboden typischer Weise an den Mittelozeanischen Rücken zu finden. Diese bezeichnen untermeerische Gebirgsketten,die eine ausgeprägte Grabenstruktur aufweisen und an deren Plattengrenzen basaltischer Tiefseeboden durch aufsteigende Lava gebildet wird. Dieser Prozess wird als Sea Floor Spreaing bezeichnet, die Plattengrenze auch als konstruktive Plattengrenze (Baumhauer 2006).

Konvergente Plattenbewegungen bezeichnen den Prozess sich aufeinander zu bewegender Platten. Bei Beteiligung ozeanischer Kruste kommt es zur Subduktion. Dabei taucht die ozeanische Platte aufgrund ihrer höheren Dichte unter die kontinentale und ihr Lithosphärenmaterial wird aufgeschmolzen und assimiliert. Dieser Prozess wird auch als destruktiv bezeichnet. Hier treten häufig Vulkanausbrüche und Erdbeben auf. Bei zwei kontinentalen Platten kommt es zu einer Kollision, die eine Gebirgsauffaltung entlang der Plattengrenzen bewirken (Baumhauer 2006).

Als konservative Plattenbewegungen werden Transformstörungen bezeichnet. Hier bewegen sich zwei Platten aneinander vorbei. Es kommt weder zu einer Neubildung noch zu einer Vernichtung von Lithosphärenmaterial.

Insgesamt ist die Größe der Erdoberfläche durch Subduktionszonen und Mittelozeanische Rücken mit dem Prozess des Sea Floor Spreading in einem Gleichgewicht.

Als Antrieb für die Plattenbewegungen werden verschiedene Prozesse und Mechanismen diskutiert. Es wird vermutet, dass Konvektionsströme im Oberen Mantel der Erde für einen Ausgleich der Temperatur zwischen Kern und Oberfläche sorgen und so als Antriebskraft dienen. Die Zonen unter den Mittelozeanischen Rücken werden zusammen mit Manteldiapiren als Lokalitäten bezeichnet, an denen heißes Material aufsteigen kann. An den Subduktionszonen sinkt das bereits abgekühlte Material wieder ab, da das Gewicht und die Dichte zugenommen haben. Vergleichbar ist dieser Prozess mit dem Erhitzen von Wasser in einem Topf. Durch die Wärmequelle steigt erhitztes Wasser direkt bis zur

Oberfläche auf, wo es sich wieder abkühlt und aufgrund höherer Dichte zur Seite weg strömt und dann wieder absinkt (Baumhauer 2006).

Der Bewegungsmechanismus wird dadurch erklärt, dass die Platten über die Asthenosphäre gleiten. Dieser Prozess wird durch die Gravitation verursacht.

4.3 Rekonstruktion früherer Plattenbewegungen

Die heutige Vorstellung der rekonstruierten früheren Plattenbewegungen ist nur leicht modifiziert worden. Die Grundlage hierfür bildet Wegeners Theorie.

So bildet auch in der Plattentektonik Pangäa die Ausgangssituation für spätere Plattenbewegungen. Bis zum Perm vor circa 225 Millionen Jahren lagen alle Platten beieinander und bildeten einen Urkontinent. Dann zerfiel dieser zunächst in zwei Teile, sodass gegen Ende der Trias vor ungefähr 190 Millionen Jahren der nördlichere Teil als Laurasia bezeichnet wurde und die heutigen Kontinente Europa, Asien und Nordamerika umfasste. Der südliche Teil Gondwana kennzeichnet die heutigen Kontinente Afrika, Südamerika, Indien, Australien und Antarktis. Ende des Juras vor circa 135 Millionen Jahren war beide Teile bereits weiter zerfallen und die Platten driften langsam in die Richtungen, die ihre heutige Lage darstellen (Abb.5).

Doch auch heute ist der Prozess der Plattenverschiebungen noch nicht abgeschlossen. Weiterhin driften die Platten in bestimmten Richtungen auf der Asthenosphäre. Der Geophysiker John Tuzo Wilson stellte 1970 den nach ihm benannten Wilson- Zyklus auf. Er stellt die Hypothese auf, dass die Genese und der spätere Verfall von Kontinenten und Ozeanen einem Zyklus unterliegen. Die Schwingungsdauer liegt zwischen 300 und 500 Millionen Jahren. Solange braucht es, bis aus einem einzigen Mega-Kontinent, bei dem alle Kontinente zusammen liegen, wieder ein solcher entsteht (Baumhauer 2006).

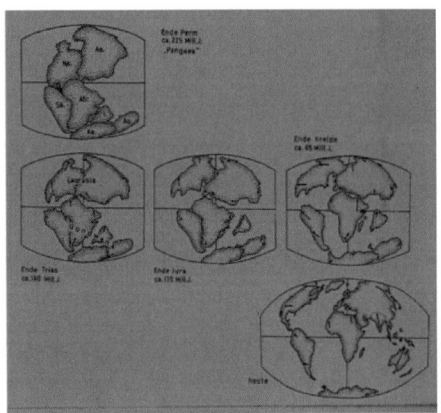

Abbildung 5: Rekonstruktion früherer Kontinentallagen nach Dietz und Holden 1970 (Schwarzbach 1980, S. 112)

5 Synthese und Schluss

Alfred Wegener hat in seiner Theorie über die Kontinentaldrift erstmals vollständig die Annahme ausgearbeitet, dass die Kontinente früher zusammenhingen. Ausgangspunkt für diese Behauptung war, wie für bereits viele Forscher vor ihm, die auf Landkarten erkennbare Kongruenz der Kontinente, die am Atlantik anliegen. Dazu postulierte er die Existenz eines Urkontinents Pangäa, der vor circa 200 Millionen Jahren zunächst in zwei Teile zerfallen ist und sich im Laufe der Zeit die heutigen Kontinente herausgebildet haben. Als Belege führte Wegener Argumente aus einigen Geowissenschaften an. Aus der Geologie brachte er ähnliche Gesteinsformen, aus der Paläogeographie fossile Funde aus Flora und Fauna auf verschiedenen Kontinenten an, die Wegener als Belege für ein früheres Zusammenliegen der Kontinente dienten. Zusammen mit Alfred Köppen erarbeitete er Thesen über weitere Beweise sammelte er in der Geodäsie. Konkrete Messwerte über Messungen der Driftgeschwindigkeiten erachtete er als sicherste Beweise für seine Hypothese.

Die Theorie wurde zu Lebzeiten Alfred Wegeners von fast allen Wissenschaftlern aufgrund fehlender Antriebsmechanismen abgelehnt.

Zudem gibt es noch einige andere Punkte, die bei Wegener zu kritisieren sind.

Seit den 1960er Jahren konnte sich die Plattentektonik aufgrund neuer Messmethoden durchsetzen. Als Grundlage hierfür diente die Theorie von Wegener. Einige Punkte wurden weiter ausgearbeitet oder modifiziert. Ein wichtiger Unterschied ist beispielsweise die veränderte Annahme über Plattenbewegungen. Bei Wegener bewegten sich nur die Kontinente auf der Siam- Schicht, heute geht man von Platten aus, die Ozeane und Kontinente umfassen. Die Bedeutung der Mittelozeanischen Rücken hat Wegener ebenfalls nicht vollständig erkannt. So spricht man heute nicht mehr von der Kontinentaldrift, sondern von Plattentektonik.

Die heutige Rekonstruktion früherer Kontinentallagen unterscheidet sich nur gering von Wegeners Annahmen. Der Urkontinent Pangäa zerfiel erst in zwei Teile, Laurasia und Gondwana, und dann im Laufe der Zeit in weitere Stücke, sodass die heutige Verteilung der Kontinente entstanden ist.

Insgesamt ist die wissenschaftliche Bedeutung der Theorie über die Kontinentaldrift Wegeners hoch einzuordnen. Für die Plattentektonik war diese die Grundlage, die jedoch erst nach seinem Tod ab den 1960er Jahren wissenschaftliche Anerkennung fand.

Die Plattentektonik selbst dient dem Menschen einerseits, um Prozesse und Vorgänge in und auf der Erde erklären zu können, und andererseits ganz praktisch, um menschliche Gefahrzonen wie Erdbebenregionen erkennen und überwachen zu können.

6 Literaturverzeichnis

Primärliteratur

Wegener A. (1966): The Origin of Continents and Oceans. 4.dt. Aufl., London.

Sekundärliteratur

Baumhauer R. (2006): Geomorphologie. Darmstadt.

Hug-Fleck C. (1988): Die ruhelose Erde. Vulkane und ihre Entstehung. Hannover.

Jacobshagen V., Arndt J., Götze H.-J., Mertmann D., Wallfass C. (2000): Einführung in die geologischen Wissenschaften. Stuttgart.

Karey P., Klepeis K., Vine F. (2009): Global tectonics. 3.Aufl., Chichester.

Reinke-Kunze C. (1994): Alfred Wegener: Polarforscher und Entdecker der Kontinentaldrift. Basel.

Richter D. (1997): Das geographische Seminar: Geologie. 5. neu bearb. u. erw. Aufl., Braunschweig.

Schwarzbach M.(1980): Alfred Wegener und die Drift der Kontinente. Stuttgart.

Lightning Source UK Ltd.
Milton Keynes UK
UKRC022020060320
359867UK00005B/48